XUE KE XUE MEI LI DA TAN SUO

学科学魅力大探索

真相秘密研究

熊 伟 编著 丛书主编 周丽霞

人类：细说人类这些事

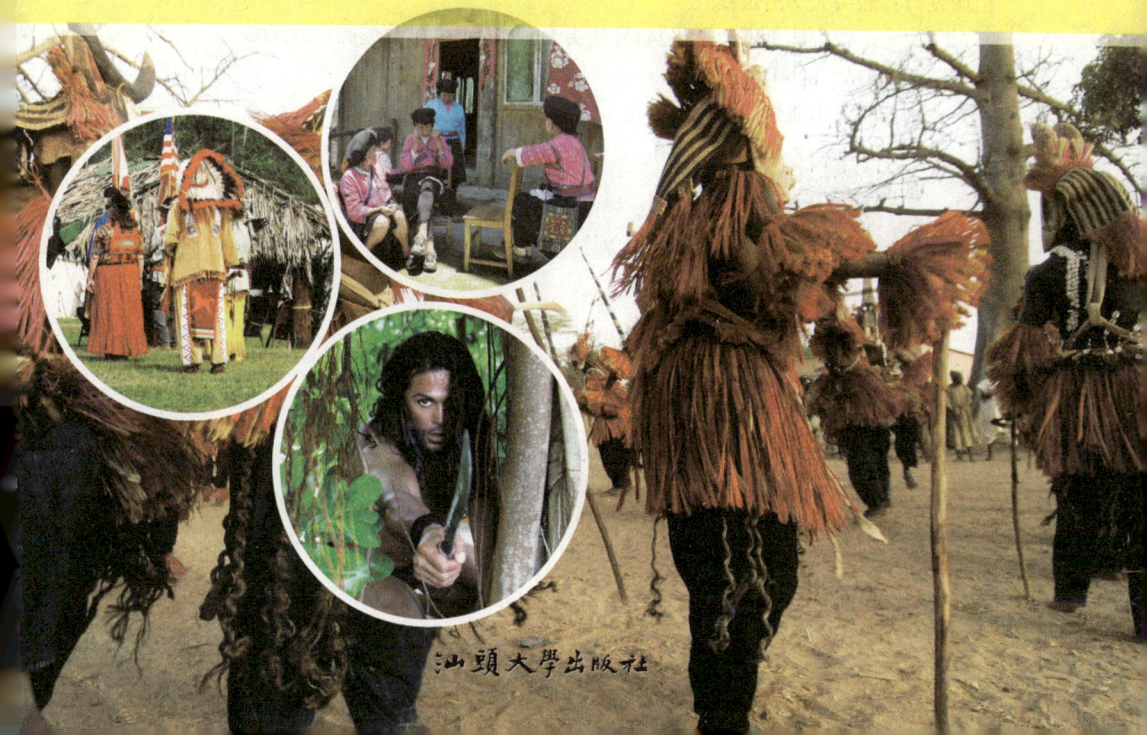

汕头大学出版社

图书在版编目（CIP）数据

人类：细说人类这些事 / 熊伟编著. -- 汕头：汕
头大学出版社，2015.3（2020.1重印）
（学科学魅力大探索 / 周丽霞主编）
ISBN 978-7-5658-1689-5

Ⅰ．①人… Ⅱ．①熊… Ⅲ．①人类学－青少年读物
Ⅳ．①Q98-49

中国版本图书馆CIP数据核字(2015)第027452号

人类：细说人类这些事　　　　　RENLEI：XISHUO RENLEI ZHEXIESHI

编　　著：熊　伟
丛书主编：周丽霞
责任编辑：邹　峰
封面设计：大华文苑
责任技编：黄东生
出版发行：汕头大学出版社
　　　　　广东省汕头市大学路243号汕头大学校园内　邮政编码：515063
电　　话：0754-82904613
印　　刷：三河市燕春印务有限公司
开　　本：700mm×1000mm 1/16
印　　张：7
字　　数：50千字
版　　次：2015年3月第1版
印　　次：2020年1月第2次印刷
定　　价：29.80元
ISBN 978-7-5658-1689-5

前　言

　　科学是人类进步的第一推动力，而科学知识的学习则是实现这一推动的必由之路。在新的时代，社会的进步、科技的发展、人们生活水平的不断提高，为我们青少年的科学素质培养提供了新的契机。抓住这个契机，大力推广科学知识，传播科学精神，提高青少年的科学水平，是我们全社会的重要课题。

　　科学教育与学习，能够让广大青少年树立这样一个牢固的信念：科学总是在寻求、发现和了解世界的新现象，研究和掌握新规律，它是创造性的，它又是在不懈地追求真理，需要我们不断地努力探索。在未知的及已知的领域重新发现，才能创造崭新的天地，才能不断推进人类文明向前发展，才能从必然王国走向自由王国。

　　但是，我们生存世界的奥秘，几乎是无穷无尽，从太空到地球，从宇宙到海洋，真是无奇不有，怪事迭起，奥妙无穷，神秘莫测，许许多多的难解之谜简直不可思议，使我们对自己的生命现象和生存环境捉摸不透。破解这些谜团，有助于我们人类社会向更高层次不断迈进。

1

其实，宇宙世界的丰富多彩与无限魅力就在于那许许多多的难解之谜，使我们不得不密切关注和发出疑问。我们总是不断去认识它、探索它。虽然今天科学技术的发展日新月异，达到了很高程度，但对于那些奥秘还是难以圆满解答。尽管经过许许多多科学先驱不断奋斗，一个个奥秘不断解开，并推进了科学技术大发展，但随之又发现了许多新的奥秘，又不得不向新的问题发起挑战。

宇宙世界是无限的，科学探索也是无限的，我们只有不断拓展更加广阔的生存空间，破解更多奥秘现象，才能使之造福于我们人类，人类社会才能不断获得发展。

为了普及科学知识，激励广大青少年认识和探索宇宙世界的无穷奥妙，根据最新研究成果，特别编辑了这套《学科学魅力大探索》，主要包括真相研究、破译密码、科学成果、科技历史、地理发现等内容，具有很强系统性、科学性、可读性和新奇性。

本套作品知识全面、内容精炼、图文并茂，形象生动，能够培养我们的科学兴趣和爱好，达到普及科学知识的目的，具有很强的可读性、启发性和知识性，是我们广大青少年读者了解科技、增长知识、开阔视野、提高素质、激发探索和启迪智慧的良好科普读物。

目　录

两河之间的苏美尔人

西亚古文明发祥地

在亚洲西部的底格里斯河和幼发拉底河之间，是一大片被这两条河流冲击而形成的肥沃平原。这就是被古希腊人称为"美索不达米亚"的西亚古文明发祥地。在希腊语中，美索不达米亚的意思是"两河之间"。根据现有的历史研究成果表明，人类有记载的7000年的文明史，就是从这块土地开始的。考古工作者在这里发现了人类最早的文字和最早的城市文明。

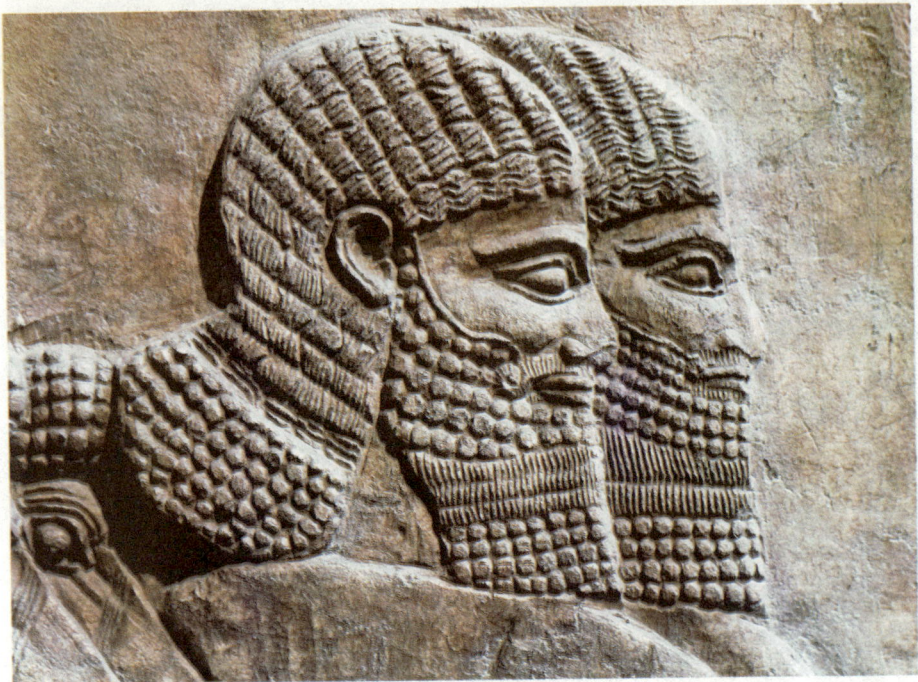

苏美尔人带来的谜

最早的文字和最早的城市文明都是由苏美尔人创造的，这个民族本身就是个谜。人们至今也没有搞清楚，苏美尔人是在什么时间、从什么地方进入美索不达米亚平原的。

资料表明，他们不是这块土地上的土著居民。他们的语言和两河流域的其他民族的语言之间没有任何关系，既不是印欧语系，也不属塞米语言。他们的外貌特征也完全有别于现代的西亚居民。据史料记载，苏美尔人的外貌特征是圆头颅、直鼻梁，不留须发。而现代西亚居民多是浓发大胡子。有关苏美尔人的这些谜，可能永远也无法搞清了，因为，他们毕竟离现在很久远了。

苏美尔人创造文明

苏美尔人在这块土地上创造了灿烂的古老文明。当然，他们是在继承和发扬了两河流域远古文明的基础上取得如此辉煌成就的。早在公元前5500年，苏美尔人的社会中就出现了阶级分化。至公元前3000年左右，在苏美尔人生活的地方已经出现许多城市国家。他们的建筑业已经很发达，还创造了楔形文字，这是最古老的已知的人类文字。

最初，这种文字是图画文字，渐渐地，这种图画文字发展成苏美尔语的表意文字。苏美尔人把一个或几个符号组合起来，表示一个新的含义。

如用"口"表示动作"说"；用代表"眼"和"水"的符号来表示"哭"等。随着文字的推广和普及，苏美尔人干脆用一个符号表示一个声音，如"箭"和"生命"在苏美尔语中是同一个词，就用同一个符号"箭"来表示。后来又加了一些限定性的部首符号，如人名前加一个"倒三角形"，表示是男人的名字。这样，这种文字体系就基本完备了。

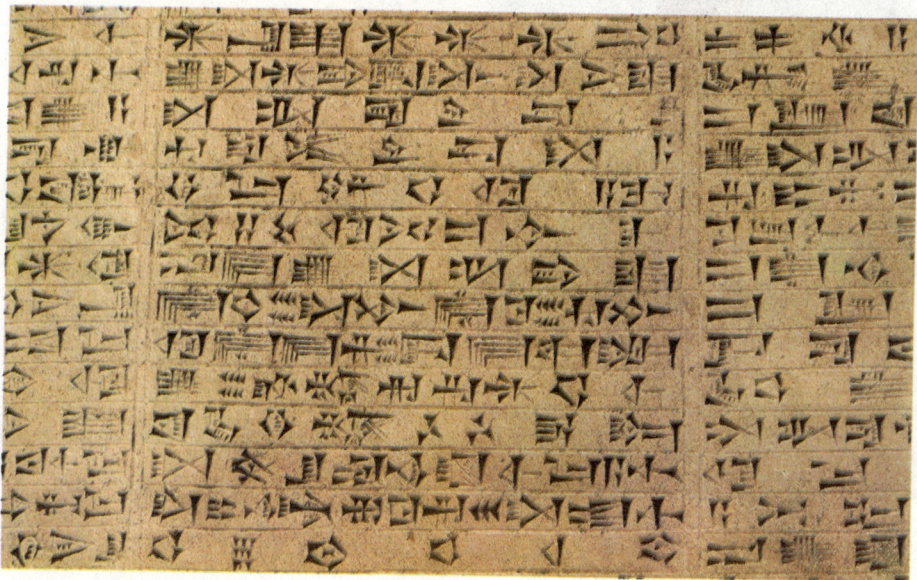

苏美尔人用削成三角形尖头的芦苇秆或骨棒、木棒当笔，在潮湿的黏土制作的泥版上写字，字形自然形成楔形，所以这种文字被称为楔形文字。

现在已经发掘出来的有上十万篇苏美尔文章，大多数刻在黏土版上。其中包括个人和企业信件、汇款、菜谱、百科全书式的列表、法律、赞美歌、祈祷、魔术咒语等，还有关于数学、天文学和医学的科学文章。

许多大建筑如大型雕塑上也刻有文字。楔形文字是苏美尔文明的独创，最能反映出苏美尔文明的特征。楔形文字对西亚许多民族语言文字的形成和发展产生了重要影响。

西亚的巴比伦、亚述、赫梯、叙利等国都曾对楔形文字略加改造，来作为自己的书写工具。甚至腓尼基人创制出的字母也含有楔形文字的因素。楔形文字是世界上最早的文字，可由于它极为复杂，到公元1世纪，就完全消亡了。

苏美尔人的谜

苏美尔人既然创造了高度文明，那么，它的城市和国家到底是出现在什么时候呢？

据文物考古证明，苏美尔的城市和国家是出现在公元前3000年左右，但是，在苏美尔人传喻后世的著名古代文献《苏美尔王表》中，却有这样的记载：

"早在27万年前，王权自天下降埃利都城之后，苏美尔国家就形成了。"

这种说法听起来是太悬疑了！按现在的人类发展史的观点：距今50000年前，人类还没有完全进化成现代人，意识活动才刚刚起步。

27万年以前的地球上还只有猿人存在，那时怎么会有人类管理的国家出现呢？这简直就是个神话。

但是，人类发展史的观点只是在某一阶段上认识的产物，完

全有这样的可能，我们现在对世界的许多看法不是完全正确的。

大量在历史研究中出现的反常现象表明，这个星球上，在我们这个文明阶段出现之前，可能曾经多次出现过发达的人类文明。

在美索不达米亚平原，外来的苏美尔人就能首先创造出文字和率先进入城市文明。这本身就是个奇迹，其中也充满着令人难以解释的东西。

延 伸 阅 读

苏美尔由数个独立的城市国家组成，这些城市国家之间以运河和界石分割。每个城市国家的中心是该城市的保护神或保护女神的庙，每个城市国家由一个主持该城市的宗教仪式的祭司或国王统治和领导。

奇特的埃特鲁斯坎人

埃特鲁斯坎人的发展

早在公元前1000年左右，埃特鲁斯坎人在意大利亚平宁半岛定居后，他们最初的活动区域是在现今意大利的北部。

公元前8世纪中叶，埃特鲁斯坎人已度过艰难困苦的创业阶段，开始进入繁荣时期。他们在意大利北部建立了伏拉特雷、塔尔奎尼、克卢苏姆等12座城市，并开始通过海外贸易与希腊以及

西亚和北非的一些国家建立联系。

公元前6世纪时，埃特鲁斯坎人所在地区的社会繁荣达到了高峰。他们以意大利北部的托斯卡纳地区为中心，积极向半岛的中部和西部扩张，不仅征服了罗马城，而且占据了科西嘉岛。在这个时期内，埃特鲁斯坎人与希腊人和北非的迦太基人之间的文化、经济交往非常频繁。而希腊文明的积极影响，无疑是促进埃特鲁斯坎人社会繁荣的一个重要因素。

埃特鲁斯坎人的文字

后世的人们当然想从埃特鲁斯坎人遗留下的文字里，直接领略这个民族在繁荣期所创造的文化奇观。但遗憾的是，他们的文字仅存于一些碑文之中。可是，这些碑文经考古学家和语言学家

考证，虽有一些字母与希腊字母相近，但基本语体却不属于印欧语系，并且没有其他已知的古代语言能与之进行类比，因此无人能够释读。唯一让人感到庆幸的是，从埃特鲁斯坎人遗留下的一些墓葬物中，可以窥见这个古代民族文明成就的光彩。

埃特鲁斯坎人的艺术

1831年和1836年，分别在科内托和塞尔维特里发掘的两处墓葬中，人们看到了一个可与古埃及和古希腊的奇珍异宝相媲美的艺术世界。

在大量工艺品当中，制作精美、造型奇特的彩色陶瓶最令人称绝。其颜色有红、黄、蓝、灰、褐、黑、白多种，色调凝重，配色和谐。画面线条的运用十分活泼自如，构图的整体安排也很讲究。

在表现的题材上更是不拘一格，从美丽端庄的女祭司、体魄强健的狩猎人、奔跑跳跃的青年男女，至各种树木、花草、飞鸟和野兽，应有尽有。这些精美的工艺品，不仅说明埃特鲁斯坎人在公元前5世纪前后已在陶瓶制作方面达到了极高水平，而且也展现出其社会生活的一些侧面。如在科内托的一个墓穴中发现的一个两耳细颈酒罐上，就以绘画形式出色地表现了一次体育盛会的情景。

埃特鲁斯坎人的社会生活十分丰富。他们喜爱体育、音乐、舞蹈、习武和狩猎等，还经常举行盛宴和大规模的庆祝集会，具有豪爽、奔放、勇猛、热情的民族性格。埃特鲁斯坎人对妇女是十分尊重的，妇女与男人在社会地位上是平等的。

埃特鲁斯坎人的衰落

埃特鲁斯坎人经历了长期的繁荣后是如何衰落的？多数史学家认为，公元前4世纪原居住在多瑙河上游地区的克尔特人侵入意大利北部，致使埃特鲁斯坎人失去了他们在意大利半岛上的领地而趋于衰落。

还有的史学家认为，埃特鲁斯坎人统治的区域范围很大，但治理不善，他们对所征服地区居民的压迫政策导致当地民众起义，这是埃特鲁斯坎人衰落的原因。

埃特鲁斯坎人来自哪里

更让史学家们感到困惑的是埃特鲁斯坎人究竟从何处而来？这是一个多少年以来人们一直争论不休，谁也说不清楚的问题。古希腊史学家希罗多德曾在他的著作《历史》中提出，埃特鲁斯坎人来自小亚细亚的吕底亚一带。他认为，这些小亚细亚的居民因遭到大饥荒而不得不出外谋生，后经地中海到达了意大利北部的翁布利亚，并在那里定居下来。

1世纪，希腊另一位史学家狄奥尼斯奥斯提出了与希罗多德完全不同的看法。

他认为埃特鲁斯坎人不是从意大利半岛以外的什么地方迁移过来的，而是在意大利半岛的本土成长而发展起来的。换句话

说，埃特鲁斯坎人就是意大利最早的土著居民。

18世纪，又有一部分学者提出了第三种意见。他们认为埃特鲁斯坎人是从中欧地区向南越过阿尔卑斯山进入意大利定居的。

以上这三种关于埃特鲁斯坎人来源问题的观点，时至今日也还是各有各的一批拥护者。但似乎较多的学者倾向于希罗多德的传统解释，即认为埃特鲁斯坎人来自小亚细亚半岛。埃特鲁斯坎人究竟来自哪里？没有人知道。

延 伸 阅 读

埃特鲁斯坎人创造出了瑰丽的文化奇观，但我们在他们留下的文字记载里，已不能领略其中的风采。他们的文字仅存于一些墓志铭的碑文中，考古学家和语言学家对这些墓志铭上的碑文进行了考证，发现有些字母和希腊字母非常相近，但就整个文字系统而言，却不属于印欧语系。

语言丰富的巴斯克人

巴斯克人的语言

巴斯克人居住在西班牙的东北部和法国的西南部，民族自尊心极强。这个民族的人相貌自成一格，身材中等，面孔狭长，鼻子挺拔。其语言是现代欧洲唯一不属于印欧语系的语言。巴斯克语的起源至今仍让语言学家们迷惑不解，而有关起源的种种说法中，最异想天开的莫如宣称那是上帝的语言了。

对巴斯克人的语言细加研究，便会发觉大部分语汇和任何已知的语言毫

不相似。巴斯克语非常难学，外人很少能够通晓其复杂的语法。巴斯克语方言非常多，官方承认的就有8种，而次方言有25种。一村甚至一屋之遥，就有不同的语汇和方言。这种语言的复杂程度，非一般人能够破解。

专家学者的研究

19世纪以来，科学家、语言学家和考古学家提出了种种说法试图解开巴斯克之谜，却莫衷一是。最普遍的几种说法是：古代伊比利亚人或克尔特伊比利亚人、北非柏柏尔人以及黑海与里海之间高加索地区各民族可能与巴斯克人有血缘关系。

因为巴斯克语与高

加索地区的语言有些相似，所以说两者有联系。

19世纪初，这种说法似乎有了证据，当时考古学家在法国巴斯克人居住的地区发掘到高加索人种的颅骨。但这项可证明巴斯克人与高加索人有关的发现如同昙花一现，随即便发现存在错误。因为在19世纪60年代，法国考古学家布洛卡博士在西班牙巴斯克人居住的地区发现另一个颅骨，却是古代欧洲人种的。

发现的颅骨

布洛卡发现的颅骨，形状与现代巴斯克人的差别很大，两者之间并无密切的联系。

不过，他的发现可以认为，巴斯克人是欧洲一个原有民族的后裔，那个民族可能就是伊比利亚半岛的原居民。

1936年，在乌尔提亚加洞穴里发现了两种旧石器晚期的人类颅骨。一种和布洛卡博士以前发现的相同；另一种则与现代巴斯

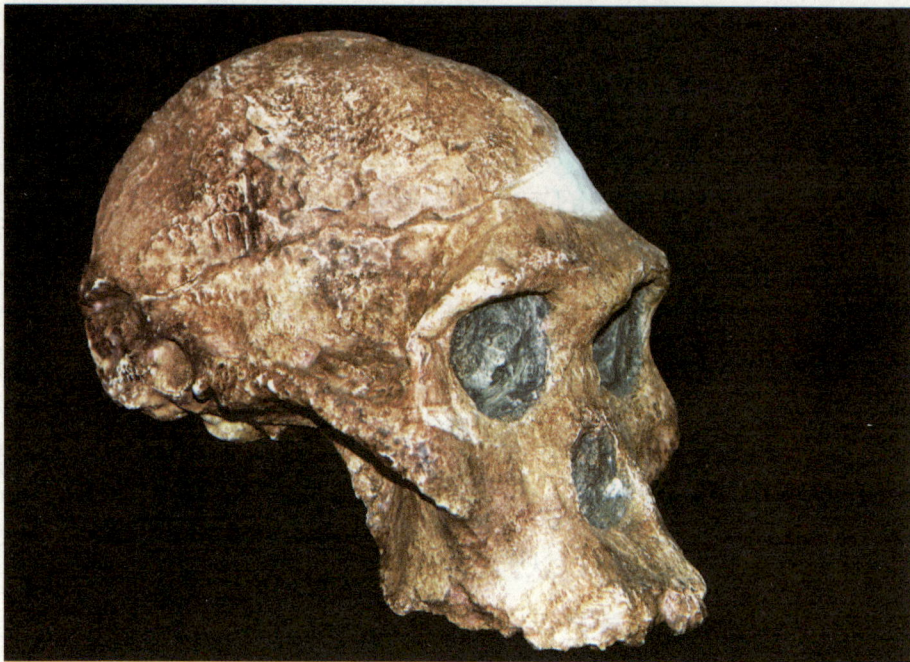

克人的颅骨极为相似。这是迄今最有力的证据，证明巴斯克人是这个地方旧石器时代晚期居民的后裔，也首次说明巴斯克人或许是巴斯克地区的土著人。虽然有这些证据，巴斯克人和他们的语言无疑还将不断引起人们的种种揣测。

延 伸 阅 读

从语言学的角度来看，巴斯克人是现今唯一的属于"伊比利亚人"这个范畴的民族。伊比利亚人是西班牙南部和东部的史前民族之一，其语言则属于非印欧语系，有人推测其祖居地可能在北非。

消失的马卡人祖先

马卡人的村落

世界上具有许多人口的众多民族，被人们所熟知，还有部分民族因人数稀少，远离人世，所以人们知之甚少。

马卡人是美洲印第安人的一支，他们世代居住在美国华盛顿州西北角的奥吉特村。马卡人在欧洲和美洲东部移民到来以前，已经世世代代居住生息在这里了。

马卡人村落所在地比海平面高出不少，可以俯瞰广阔迷人的海滩。在离海岸约4500米的海面上有一列礁石，像一排栅栏，抵挡着太平洋海浪的冲击。马卡人在此以捕鱼为生。

2007年9月8日，华盛顿州西北海岸的马卡印第安人部落曾用鱼叉刺杀了一头北太平洋灰鲸，被当地的动物爱好者控告。这

种控告可能使他们面临一年的牢狱之灾及10万美元的罚款，但两年之内他们可能会重新获得捕杀权。

美国西雅图大学的人类学家泰德说，非印第安裔人往往把动物看成是个体，而印第安裔人则把鲸鱼或者熊或者鹰看作是更大整体中的一部分。泰德说，他们把鲸鱼看作是鲸鱼"神灵"中的一部分，而不是鲸鱼个体。

对此，有些人很难理解，所以对于马卡人来说，捕杀一头鲸鱼，并不会有损整个鲸鱼群体。

这条信息表明，马卡人仍然生活在美国，并以自己的生活方式生存。

20世纪30年代，马卡人举村迁移到20千米外的一个村镇。马卡人虽然离开了自己的家园，但他们却始终没有忘记自己祖先的历史，尤

其是关于那场大灾难的传说。

许多年以前，天崩地裂，一座巨大的泥山从天而降，整个村庄一下子就被吞噬了，奥吉特村消失了。

事实真是这样的吗？有人认为这只是一个传奇故事，而华盛顿州立大学的人类学家多尔蒂教授却认为，它隐含着几分真实。

海滩上发现短桨

1970年冬季的一天，太平洋上的风暴掀起了罕见的巨浪。汹涌的巨浪以排山倒海之势冲向宽阔的海滩，奥吉特村旧址所在的海岸经受不住巨浪的冲击，有一部分泥土塌了下来。

不久以后，有人在海滩上发现了一支划水用的短桨。多尔蒂教授听到消息后，凭着职业的敏感，怀疑那里就是马卡人传说中发生泥崩的地方，而那支木桨，也许是500年前马卡人划小艇出海捕鱼时使用过的。

之后，在发现木桨的地方附近，又发现了几个鱼钩、一根鱼叉杆、一个残缺的雕花箱和一顶草帽。它们之所以历经数百年而没有损毁，是由于厚厚的泥层隔绝了外界的空气。

马卡人的房舍

更令人惊奇的是，岸边泥土崩塌后，露出一小段马卡人房舍的木墙，多尔蒂和他的助手们小心翼翼地用水把数以吨计的泥土冲走。慢慢地整座房子展露了出来。

这所房子相当大，长约21米，宽约14米，内分几个单元，各有灶台和睡炕，看起来像几家人合住的。房内的用品中有一条残破的白色毯子，上面的蓝黑图案仍然清晰可见。

马卡人的生活器物都是木制的，甚至煮食的容器都是木制的。

出土的物品中，有底部烧穿的木容器、精致的木雕碗、一张渔网和一些桤木树叶。树叶刚出土时呈绿色，暴露于空气中后，渐渐褪变为褐色。还有一个用松木雕成的鲸鳍，上面镶嵌了700多只海獭齿，颇为精致，这表明古代马卡人已具有相当高的工艺水平。

马卡人的灾难

以上这些表明，这里曾有过一片广阔繁茂的森林，哺育了附近的居民。后来，也许由于植被破坏以及森林过度砍伐，几代人不知不觉中酿就的灾难在一个早晨突然降临。

暴风雨裹挟着泥崩掩埋了奥吉特村，现场的几具人骨，蜷曲着身子的小狗，一把未雕刻完的梳子及地上未来得及清扫的木

片，都表明奥吉特村当时突然祸从天降。

睡炕上似乎没有睡人，也许灾难是发生在白天，因而有些幸运的马卡人得以死里逃生，并以代代相传的方式把当时触目惊心的一幕记载了下来。

延 伸 阅 读

印第安人是美洲土著居民的一个人种，分布于南北美洲各国，印第安人所说的语言一般总称为印第安语，或者称为美洲原住民语言。印第安人的族群及其语言的系属情况均十分复杂，至今没有公认的分类。

迁徙而来的泰国人

泰国人的介绍

泰国人属蒙古利亚人种。东南亚人与马来人都属于南方蒙古利亚人种。东亚真正的主体是汉藏语系。他又分汉语族、缅藏语族、侗壮语族和苗瑶语族四部分。缅藏语族和汉语族最接近，这些民族在5000年前就生活在我国甘肃、青海一带。2000多年前，这些民族就已经统治了青藏高原。大约1500年前，又有一部分人南下缅甸。

缅藏语族的民族在我国多数是远东人种，如藏、羌、彝、白族等，在缅甸、

不丹、锡金和印度那加邦的都是南亚蒙古人种。侗壮语族和苗瑶语族的南下要早得多，因此，这些民族都是南亚蒙古人种。但尽管如此，也有很多证据表明他们起源于北方。泰国人自称是宋朝时离开云南而来到泰国的，语言学家认为，在公元前4世纪，讲泰语的民族可能还居住在汉江流域，当时的楚国境内。今天，泰国人、老挝人、壮族人讲的仍然都是侗壮语族的语言。

泰国人的语言

泰语是一种复杂多元化的混合体。泰语中的许多词汇来源于巴利语、梵语、高棉语、马来语、英语和汉语。泰语的词汇中，梵语及巴利语，即古代印度语言占60%以上；汉语，主要为中国华南地区

的方言，包括闽南话、客家话约占15%左右；高棉语、马来语以及英语等西方外来语言占剩下的部分。

虽然泰语与汉语在发音上有部分共同之处，但泰语中包含着大量的梵文及巴利语字汇，大多是多音节，元音有长短音，又有卷舌音、跳舌音、连音及因简化音节而出现的尾音。因此，要讲一口清楚的泰语要注意三点：第一是音调；第二是长短音；最后一点要特别注意的是中文里所没有的子音和尾音。

泰文的子音有44个，元音32个，还有5个音调。泰文在拼写这一点上跟中文一样，可以说是没什么文法，而拼写却相当复杂。所以，如果学习泰语和泰文时，先只学听、说的话，泰语就会变得简单很多。

泰国人的起源

具有浓重民族气息的泰国，一直以来是许多人向往的地方，但泰国人的起源一直是个谜。

许多学者认为，泰国人起源于我国，但起源于我国何处，却存在着多种意见。美国的一位学者认为，泰国人的发源地在阿尔泰山和蒙古的纵深地带。但是，考古学家在阿尔泰山的考古发掘中，却没有发现任何泰国人居住过的痕迹。

更多的人认为，泰国人发源于我国的四川、云南及两广地区。它与傣、壮是一个民族，同属于古代百越部落。从语言学的角度，也有人提出佐证，认为泰语与我国境内的傣语、壮语的发声有共同的起源，三种语言有500个共同的词根，语音和语法也基本一致。如果不是同源同祖，不可能有如此多的相同之处。

一些主张泰国人来自中国的论者，都认为泰国人是迫于某种压力而大规模从我国迁徙到泰国国土的。自13世纪初叶起，泰国成为统一的国家。但泰国人已在漫长的历史演化中与缅甸的少数民族、柬埔寨民族、泰南部土著族相互融合。

泰国学者的解说

近年来，由于在泰国东北部发现了5000年前的班清文化遗址，一些泰国学者提出，泰国人实际上就是一直居住在泰国境内的土著居民，所谓泰国人从其他地方迁来的说法是错误的。班清被视为东南亚发掘地区最重要的史前聚居地，是人类文化、社会、科技进化现象的中心。

至于泰、傣同族说也不可取，因为傣族部落众多，居住范围

广泛，不能仅根据其与泰国人的言谈举止相似就作出这种结论。也有泰国学者通过考察泰国的历史形成过程，提出泰国人从古至今就不是同一种族和血统，而是由许多部族组成的整体，不能仅仅以种族关系和宗族血统等因素来作为判断。

迄今，对于泰国人来自何处的问题，各国之间都是众说纷纭，也没有一个确切的科学证据可以证明哪种观点正确。因此，泰国人来自何处，仍是一个谜。

延 伸 阅 读

傣族是我国少数民族之一，与老挝的傣族为同一分支，是泰民族的一个分支，其语言、文化和习俗与泰国和老挝主体民族接近。像世界上其他许多语言一样，泰语是一种复杂的各种文化的混合体。

神奇的塔萨代人

古老的塔萨代人

在菲律宾棉兰老岛南部的原始密林中，高耸峻峭的天然岩洞里住着一支石器时代的遗民，即塔萨代人。他们可能是历史上古老部族中分离出来的最后一支人，世代居住在这片荆棘丛生的地区，与世隔绝，一直默默地生活到现在。当外界发现他们时，只

剩下24人了。现在，菲律宾政府已经下令：任何人不得随便进入他们住地周围的50000亩森林。

塔萨代人的生活

这些人始终过着原始的采集生活，他们没有狩猎的习惯，更不懂耕种。吃的植物是野薯芋等的根、果和花朵。能用手熟练地捕捉青蛙、小鱼等。得到食物大家均分，不足时让小孩先吃。他们都能在树干、藤条上行走如飞。

他们的工具只有简陋的挖掘棍、石斧、石刀等。他们集体穴居在岩洞中，靠钻木取火以取暖和照明。用树叶和竹筒贮存食物和水。没有衣服，男女都用树叶围腰。没有用于计算的数字和计时的方法。工具共同使用，没有私有观念。塔萨代人的发现，成为民族学家和人类学家最感兴趣的课题。

科学界的争议

1986年，有关塔萨代人这个民族的真实性，引起了各种疑问，因为人们对他们再次调查访问时发现，他们身着西方服装，使用诸如刀、镜以及其他各种现代商品。因此，人们确信，有关塔萨代人的种族系属及文化背景的说法，纯系一个骗局，是由菲律宾前总统政府中的官员们编造出来的，其目的是借此耸人听闻的宣传手段，以便从塔萨代人的林地管理经营中获取利益。

根据后一种报道，塔萨代人是其附近的曼努博·布利特人或特博利人的一个支系，后者在文化上比较先进，而且曾在马可仕

的民族事务助理的指使下，一度扮演过更为原始的民族角色。然而，在较早时期人类学研究中所获得的语言学资料尽管不够完备，但可以说明塔萨代人确曾与世隔绝。不过，菲律宾政府曾经鼓励他们伪装得比他们的真实生活情况要更为原始些。

延 伸 阅 读

1988年，根据菲律宾一个国会调查委员会的建议，菲律宾总统宣布塔萨代人为一个真正的少数民族，但许多学者对此仍持怀疑态度，因而这一争议的任何一方曾想获致结论性证明的希望便开始趋于消失。

两个脚趾的鸵鸟人

非洲的鸵鸟人

鸵鸟人这个词最早出现在非洲的传说中。据说，曾有两个旅行者在津巴布韦和博茨瓦纳交界的深山密林里亲眼看到并访问了这些两趾人。

这种人皮肤黝黑，身体结实，他们与其他民族最大的区别在于他们的脚上不是5个趾头，而只有两个脚趾，并且整个脚的开头

看上去像鸵鸟的脚爪。部落中的大部分两脚趾人非常地害羞，不愿和外界接触。他们生活在这稠密的灌木丛林地区，过着一种完全与世隔绝的简单游牧生活。他们在其他方面都和正常人没什么区别。

两趾人的传说

据津巴布韦官方信息报道说："根据18世纪葡萄牙对莫桑比克的殖民史记载，津巴布韦西南部的两脚趾人是从莫桑比克的宛亚人中分离出来的。"

相传，在津巴布韦西南的一个土著部落中，第一个两脚趾的婴儿诞生时，部落中人吓坏了，都以为这个孩子是被神灵降罪，为了赎罪就很快杀死了他。

之后一年，同一个母亲又生下了第二个两脚趾的孩子，他同样也逃不脱被屠杀的命运。可是，当第三个两脚趾婴儿降生时，人们开始觉得这可能是上天的赐予，是神灵决定让部落里的婴儿一开始就长成这个样子，所以他们终于让这个孩子活了下来。

从那时起，越来越多的两脚趾孩子出现在部落中，同族们便逐渐摆脱了不安和恐惧，认为这些两脚趾孩子和5个脚趾的孩子没什么不同了。奇怪的是并不是所有两脚趾家族的孩子都会是两脚趾人。

有的家庭一共5个孩子，头两个男孩子都长着很正常的脚趾，其他的3个孩子才是两脚趾人。在津巴布韦和非洲南部的内陆国博茨瓦纳现在生活着大约100个两脚趾人，他们对自己怪异的肢体抱着一种平常心态，而且他们似乎并不想恢复所谓的正常。在这些两趾人部落中，两脚趾人都是黑皮肤，身体都十分健壮。

他们的脚虽然从跖骨的部分就分成两部分，每一部分长成一

个巨大的脚趾，然而它的坚强有力丝毫不逊于正常人的脚。

由于造成这种情况的是"龙虾脚爪综合征"，就是说他们的脚和龙虾的脚爪形象十分类似，所以他们有时也被称为"龙虾民族"。可是不管怎样，目前无论是称呼还是脚趾，都没有对他们造成任何生存的障碍，他们仍然在宁静的山谷中继续繁衍生息。

我国的两趾人家族

在我国广西钟山县也发现了两趾人家族。他们的脚板比正常人短小，两趾比正常人长一倍以上，两趾缝宽并且深，拇指细长，两趾向内弯曲，呈扳钳形。凡是两趾人的手都是畸形，并且形状各异，每只手有一指、二指、三指不等。吴某是一个两指人，右手有两指，左手两指。吴某所生三男一女中，大儿子和女儿是两趾，二儿子和三儿子均正常。大儿子左手四指，右手正

常，女儿则每只手只有一指。这个家族起源于吴某的祖母。她娘家姓董，董氏出生时就只有两趾。据了解，这个家庭并没有两趾遗传史。

董氏和吴某的祖父结婚后，所生二子一女均为两趾。现已遗传到第五代，共有14人。据调查，凡与两趾人通婚的都有两趾人后代。

两趾人虽能遗传，但并不十分固定。吴某的父亲是两趾人，其4个子女中，两个为两趾，两个正常。这个家族中的两趾人除远行略逊于正常人外，智力和健康状况均正常，能正常从事生产劳动。吴某的外甥是两趾人，爱好篮球，并能写一手好字。

另一个外甥脚是两趾，手也是两指，但抓黄鱼、泥鳅却比正

常人强。

　　吴某的女儿吴小妹，每只手只有一指，但并不妨碍做针线活。

　　为什么会出现两脚趾呢？是基因变异引起的，还是自然的选择？相信会找到答案的。

延　伸　阅　读

　　尽管两脚趾人对自己怪异的肢体抱着一种平常心态，但还是引起了医学界的高度重视。这种病的个别案例在世界各地都有记录，但是唯独在非洲的这个部分，这种病变成了一种普遍的现象。

非常恐怖的大灰人

奇怪的脚步声

英国皇家学会会员、伦敦大学有机化学教授诺曼·柯里是位登山专家。多年前，他独自登上苏格兰高地凯恩果山脉的最高峰班马克律山时，发生了一件奇怪的事。

他每走几步，就会听到一声巨大的脚步声，仿佛有人在山雾中以大过他三四倍的步伐紧跟其后。

柯里教授思忖着："这怎么可能，简直荒唐。"他侧耳细

听，果然又听到脚步声，他站住左右张望，由于大雾什么也看不清，四周也摸不到任何东西。

他只好迈开步子继续前进，可是，那怪异的脚步声也随之响起，柯里教授禁不住毛骨悚然，不由自主地撒开两腿，一口气跑出六七千米。自此以后，他再也不敢独自攀登班马克律山了。

柯里教授的奇遇，引出各种关于山妖"大灰人"的传说。都说会有一种奇特的力量把人引向"断魂崖"，之后身不由己地跳下去送死。

彼得·丹森的遭遇

在第二次世界大战期间，1945年5月末的一个午后，空中救援人员彼得·丹森正在班马克律山山头巡逻。忽然浓雾弥漫，丹森便就地坐下休息等待浓雾散去。

忽然间他觉得身边多了一个人，但并没太在意。接着又发觉脖子有什么冰凉的东西，他认为是水气增多的缘故，披上了带帽外衣，还是不太理会。又过了一会儿，他仍然觉得脖子上有股压力。这回他终于站起身，听见石标那边传来"嘎嘎"的脚步声，便寻声走了过去。就在他走近石标时突然想起"大灰人"的传说，他一向认为那不过是人的凭空幻想。

此时此刻，他又感到十分有趣，毫无恐惧感。也就在这一刻，丹森发现一切都是真的，并意识到要逃下山去，可是已经晚了，他正在以一种难以置信的速度，飞快地跑向断魂崖。

虽然他极力想停下脚步，但根本做不到，就好像有人在背后推着他跑似的，他也试图改变方向，可仍然办不到……

温带·伍德的奇遇

苏格兰著名女作家温带·伍德在一个空气混浊的冬日，途经莱林赫鲁山入口的石子小径时，听到身边传来一声巨大的响声，这声音好像是冲着她来的，要和她用当地的盖尔语交谈。伍德小姐被吓得魂飞魄散，话都说不出来了。

镇静了一下后，稍有恢复的伍德小姐自我安慰地说："不要

怕，那不过是野鹿嘶鸣产生的回音。"这念头刚一闪现，那奇怪的声音又从她脚边响起来，而且这回连她自己也可以肯定绝不是动物的叫声，很有可能是人类的语言！

作为一名作家，此时她既惧怕又兴奋。最终，这个女人还是坚强地恢复理智，鼓起勇气，集中思虑，到底是哪一种可能。

她兜着圈子，慢慢地向四周扩大，想看看是不是有人受了伤躺在地上呻吟。探索了半天一无所获。这时恐惧又袭上她的心头，心中只有一个念头：赶快离开这里，越快越好。

她不由得抬起脚步往回返，只觉得身后有什么东西跟着她，并且脚步声越来越急，越来越近，伍德小姐被吓得魂不附体，晕头转向，根本分不清东南西北，只是一门心思地往前跑，直至听见前面村子的犬吠声，她的那颗心才算落了地。

亚历山大·杜宁遭袭

亚历山大·杜宁先生是一位经验丰富的登山专家，又是一位自然学者和摄影家。1943年10月，亚历山大·杜宁先生打算用10天的时间独自攀登凯恩果山。因为时间和路途较长，他并没带足干粮，只是准备了一支左轮手枪，以便打些小动物充饥。

这天下午，当他翻过班克律山山头时，忽然间大雾袭来，周围寒气逼人。他怕遇上暴风雨，顾不上休息，找到下山的小路，赶紧往回走。

这时，雾中传来一阵奇怪的声音，"嗵嗵嗵"，很像脚步声，从声音间隔的时间听来，步子迈得很大，这不由得让他想起柯里教授和大灰人的故事，他下意识地摸了摸口袋里的左轮枪，握紧枪托，他瞪大眼睛，寻声望去，竭力想要看清身边到底发生了什么？

没过多久，眼前出现了一个奇怪的形体，还没等他看清楚，那形影向他扑过来，显然是带有攻击意图的。

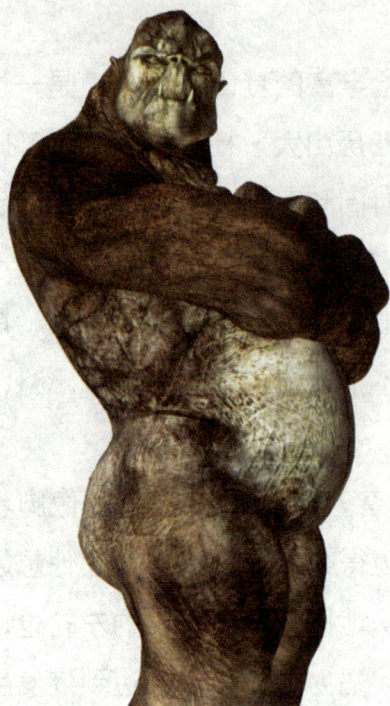

杜宁毫不迟疑地拔出手枪，向那影子连开3枪，可是子弹似乎没起作用，影子依然向他逼近，一时没了主意的杜宁先生只能撒腿逃跑。据他自己事后说："我一辈子也没跑得那么快过！"

如果大灰人仅仅是一个传说，它为什么会被现代许多著名学者、作家和登山专家的亲身经历所屡屡证实呢？这不是迷信虚幻，但苏格兰高地的大灰人仍是一个难解之谜。

延 伸 阅 读

莫瑞登山俱乐部的会长汤姆·克劳蒂被公认是"最坚强的登山专家"之一。1920年在登山时也见到了一个巨大的灰色身影：看上去模糊不清，两只耳朵很灵敏，长长的双腿，脚趾如手指般长而有力。

有着奇异眼睛的翼人

有着双翼的怪物

1966年11月15日深夜，两对青年夫妇驾车经过西弗吉尼亚州快活角附近的一座已废弃的炸药工厂时，看到了两只大大的眼睛，附在一个形似人体的东西上面。

但这东西比人体要大，约有0.15米至0.18米高。一对大翅膀折在背上。目击者们都承认，这双眼睛具有催眠作用。当这只动

物开始移动后，4个被吓坏了的人立即加速逃跑。但他们在道路附近的一个山坡上又看见了同一或类似的动物。它展开像蝙蝠那样的双翼，升到空中跟着他们。

目击者罗杰·斯卡伯里对调查人员约翰·基尔说："这只鸟一直跟着我们，它甚至都不用扇动翅膀。"

目击者们对治安官米勒德·霍尔斯特德说："它发出的声音就像高速放音乐时所发出的那种耗子般的尖叫声。它在62号公路上一直跟着我们直至快活角城。"

不明怪物再次出现

这两对夫妇并不是那天晚上唯一看到这只动物的人。另外4人声称不是一次，而是3次看到它！那天晚上的第三次目击案发生在

22时30分。

当时，家住西弗吉尼亚萨利姆郊外的建筑工人内维尔·帕特里奇正在看电视。突然屏幕上一片空白，然后一个人形物出现在屏幕上，同时电视机里传出"咝咝"的声音，音量不断加大，最后突然停止了。帕特里奇的狗班迪在门廊中狂吠，关掉电视后仍不停止。

帕特里奇走了出去，看到班迪正朝向137米外的草料仓大叫。"我于是打开手电筒向那个方向照去，"他对西弗吉尼亚作家格雷·巴克叙述着，"看到了两只红色的眼，就像是汽车的后反光镜，但要比它大一些。"

他当时肯定这不是动物的眼睛。

班迪是一只训练有素的猎狗，它大叫着向这只动物冲了过去。

帕特里奇叫它停下，但这条狗根本听不进去。他回到房中取枪后，觉得还是待在屋里为妙。夜里睡觉时他把枪就放在身边。

第二天早晨，他意识到班迪还没有回来。两天后，这只狗还不见踪影，这时帕特里奇从报纸上看到了快活角城目击案的报道。

报道中透露的一个细节引起了他的注意：罗杰·斯卡伯里叙述说，"当两夫妇即将进入快活角城前，曾经看到路边有一只大狗的尸体。几分钟后，在他们从城里返回的途中，发现那只狗又不见了。"

帕特里奇立即想到了班迪，他再也见不到它了。那只狗留下的只是在泥地中的脚印。

他回忆说："这些脚印组成了一个圆圈，好像这只狗正在追逐自己的尾巴，但班迪从未有过这种举动。"此外就再没有任何脚印了。

两个目击案之间还有一个联系。治安官霍尔斯特德开车到达那座炸药工厂时，他的那部警方无线电受到了奇怪的干扰。噪声很大，听起来像是高速回放录音带的那种声音。他最后不得不关掉了无线电。

第二天，治安官乔治·约翰逊召开了一个记者

招待会，于是这个故事一下轰动了全国。

一个新闻工作者以《蝙蝠侠》中那个坏蛋的名字"翼人莫斯曼"为这只怪兽命名。

更多的目击案

1966年11月16日晚，一男两女三个成年人，其中一个妇女抱着一个婴儿，在朋友家做完客后正离开他家走回自己的车里。

突然，什么东西从地面上慢慢地升到了空中。目击者之一的玛塞拉•贝内特女士受到了如此大的惊吓，以至于怀中的婴儿都掉在了地上。

那是一个巨大的灰色物体，比人大，但没有头。而它的躯体上部却有两个大大的、发光的红圆圈。

当它正打开背上那对巨大的翅膀之际，雷蒙德•万姆斯里赶

紧抱起孩子并把两名妇女领回那所房子。

那只动物跟踪他们一直至门廊前，因为他们可以听到那里传来的声音，更可怕的是，他们还看到那双红色的大眼睛正透过窗户盯着他们。当警察赶到时，怪物已经走了。

翼人的特征

随后的几个星期里，贝内特女士心中都烦乱得不行，像其他那些见到翼人的目击者一样，最后她不得不求助于医生。翼人目击案的主要调查者约翰·基尔写道："至少有100人曾见到过这种动物。"

他把那些目击案汇总在一起，得出了这种动物的大致形象。它站起来有1.5米至2.1米高，比人的身体宽，两条腿像人，走起路来愚蠢笨拙，发出"吱吱"的声音，眼睛位于肩膀顶部，比它那巨大的身体看起来更为可怕。

它的翅膀有些像蝙蝠，但在飞行中并不扇动它。当它离开地面升空时，就像一架直升机那样径直升了上去。

它的速度很快，飞行时就像一只翱翔的大鸟，这一点也像蝙蝠。

目击者们描述它的肤色是灰色或褐色。两个目击者说，当它在他们头顶上飞行时，听到了一种机械的"嗡嗡"声。

1967年以后，除1974年10月在纽约州埃尔玛的一次目击报告外，翼人的目击案就再也没有过。这个不明飞行怪物到底是什么呢？

我国关于翼人的传说

关于翼人的传说，我国早在先秦时期的重要古籍《山海经》中的《海外东经》就有记载："东方句芒，鸟身人面，乘两龙。"意

思是说东方有一个名叫句芒的神，长着鸟的身体，人的面孔，平常乘坐两条龙出行。在本书的《海外北经》中还有另一条记载："北方禺强，人面鸟身，珥两青蛇，践两青蛇。"意思是说北方有一个名叫禺强的神，形象为人面鸟身，两耳各悬一条青蛇，脚踏两条青蛇。这些记载说明，关于翼人的传说并非是现在才有的，但由于没有大量的实物依据，所以至今仍然还是一个难以破解的谜。

延 伸 阅 读

西弗吉尼亚州是美国东北部的一个州，有著名的阿帕拉契山脉，景观优美，别称为"山脉之州"。该州是密西西比河以东地势最高的一个州，全州都在阿帕拉契山系境内，无平原，有适合翼人生存的环境。

神奇的喷火人

少年神奇喷火

　　20世纪80年代，意大利总统佩尔蒂尼收到一对中年夫妇的求援信。信上说，他们有一个16岁的儿子，名叫苏比诺。他性格内向，跟别的孩子没有什么太大的不同，但他一连串的惊人表现，引起医学家和心理学家们的注意。

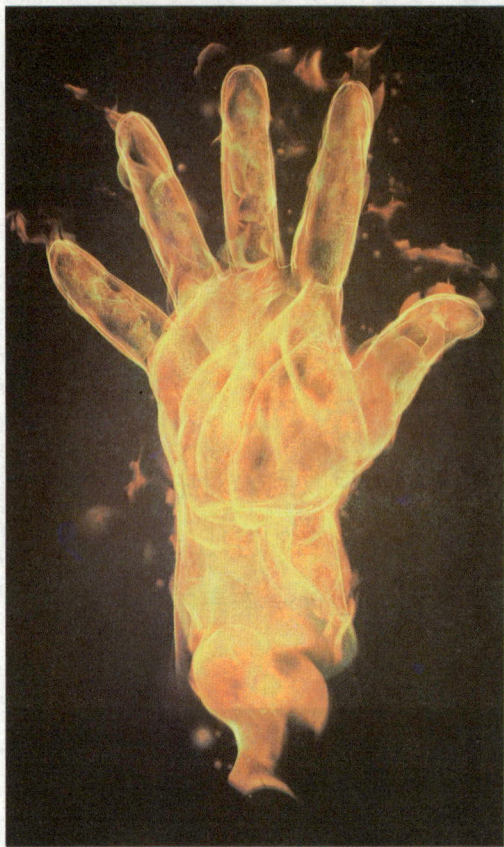

有一天，苏比诺到牙医那儿治牙病，在等候治疗的时候，他拿起一本杂志看起来，不料杂志竟然燃烧起来。吓得他扔下杂志就跑。他回到家里想休息一会儿，没想到床又着火了。两年来，他们带苏比诺到意大利各大医院检查，很多著名医生都无法圆满解释这一奇特现象。有的医学研究人员认为，苏比诺的身体可能会发出一种异常强大的磁力，他是个带体内能源的人，这跟他处于微妙的发育阶段有关。还有一位教授解释说，由于苏比诺的性格内向、孤僻，而且受过挫折，所以有了一种异常的发泄方式。这种离奇的解释，太难让人信服了。

火孩儿

苏联乌克兰加盟共和国的火孩儿萨沙有一种令人恐惧的奇能：不管他出现在谁家的房间里，室内的家具和衣物都会无缘无故地起火。

从1987年11月起，这个火孩儿已引起100多次火灾。所以，左邻右舍的人都迫使他们全家搬走。可是，无论搬到什么地方，他只要一进房间，屋内的地毯、家具和电器都会莫名其妙地瞬间起火燃烧。最后，实在没法，只得让萨沙一个人搬到祖母家里去住。可是，他所到之处依然常常引起火灾。

喷火奇人

我国澳门也有一个能喷火的奇人。他是一位姓李的印刷工人。1983年11月24日上午，他去理发，不料围在他脖子上的毛巾突然冒出一股黑烟，脖子也被烧伤了。

他对采访的记者说，他身体喷火已经不只一次了。而且每到气候干燥的时候，拉车门金属把手的时候，常会有强烈的刺痛和触电的感觉。

全世界的新闻媒介，每年都有人体喷火引起事故的报道。

有人认为，人会喷火，可能是由于这些人的体内带有强度很大的电能的原因。于是有人又问了，这种人并不经常喷火，甚至很多年都不喷一次，这又怎么解释呢？看起来，人体为什么能喷火？还是个不解之谜。

人体自燃现象

1986年3月26日晚，美国纽约州北部的消防员接到报案，请他们去调查一起让人摸不着头脑的火灾。

那个叫乔治·莫特的人上床睡觉的时候还好好的，一个原本有180磅重的人，最后被烧得只剩下3.5磅的骨头。可是，火却没把房子烧掉。

几十年来，火灾研究员们一直百思不得其解。什么样的火可以吞噬一个人，却不会烧掉他所在的房间呢？看到自己的身体燃烧起来，这个人一定会设法灭火，除非火势太猛，来不及扑救。

这不是唯一的一起人被神秘的火烧死的事件。几个世纪以来的观点一直认为吞噬这些人的火焰来自他们自己身体里面。支持者把这称为"人体自燃"。

拉里·阿诺德撰写的《燃烧》一书，讲的就是人体自燃。反对的人则认为，人体自燃纯属无稽之谈。 在极少数事件里，有目击证人，而且自燃者在燃烧之后活了下来。

2002年元旦，在比利时布鲁塞尔北面，阿黛儿·瓦达克正和家人一起从海滩拣了一些贝壳后，开车回家。突然发现自己的大腿冒出火焰，她从腰部到膝盖被严重烧伤，医生无法查明起火的原因。

难解的自燃谜团

人们发现，在人体自燃的时候，往往周围的易燃物却完好无损。按照一般常识，将人体化为灰烬是需要相当高的温度，绝对足以点燃周围的易燃物，可事实上却并非如此，这实在让人难以理解。

人体为什么会出现自燃现象呢？有些科学家认为，人体自燃与体内过量的可燃性脂肪有关。如果体内积累过多可燃性脂肪，到一定时间，就会自发燃烧起来。

有些科学家认为，人体内可能存在着一种比原子还小的"燃粒子"。当燃粒子积累到一定数量时，有可能引起自燃。

有些科学家认为，人体自燃可能是由于体内磷积累过多，形成一种"发光的火焰"。到了一定时候，火焰就转变成燃烧的大火，从而把人烧成灰烬。

有些科学家认为，人体内存在某种天然的"电流体"。这种"电流体"到了具备某种条件时可能造成体内可燃性物质的燃烧。

但是，这些观点还缺少令人信服的实验证据。因此，人体自燃现象仍是一个待解之谜。

延 伸 阅 读

英国曼彻斯特城的普琳夫人，已有了3个孩子。这位41岁的中年妇女接触任何东西，都会有电光和响声。当她熨衣服时，电熨斗会发出爆裂声。她曾把家中的温水养鱼缸中的鱼电死了9条。

深谷中的女人国

历史上的女人国

据《旧唐书》中记载：东女国，西羌之别称，以西海中复有女人国，故称东女焉。俗以女为王。东与茂州、党项接，东南与雅州接，界隔罗女蛮及百狼夷。其境东西9日行，南北22行。有大小80余城。据史书记载，东女国建筑都是碉楼，女王住在9层的碉楼上，一般老百姓住在四五层的碉楼。女王穿的是青布毛领的绸缎长裙，裙摆拖地，贴上金花。

东女人国最大的特点是重妇女、轻男人，国王和

官吏都是女人，男人不能在朝廷做官，只能在外面服兵役。宫中女王的旨意，通过女官传达到外面。

东女人国设有女王和副女王，在族群内部推举有才能的人担当。女王去世后，由副女王继位。一般家庭中也是以女性为主导，不存在夫妻关系，家庭中以母亲为尊，掌管家庭财产的分配，主导一切家中事务。

消失的东女国

《旧唐书》关于东女国的记载是十分详细的，但是到了唐代以后，史书关于东女人国的记载几乎就中断了。

难道东女人国的出现只是昙花一现吗？有专家认为，唐玄宗时期唐朝和土藩关系较好，土藩从雅鲁藏布江东扩至大渡河一带。可是，到了唐代中期的时候，唐朝和土藩变得紧张，打了

100多年仗。

唐朝逐步招降一部分土蕃统治区的少数民族到内地，当时唐朝把8个少数民族部落从岷山峡谷迁移至大渡河边定居，这8个部落里面就有东女人国的女王所率领的部落。

至唐晚期，土蕃势力逐渐强大，多次入侵到大渡河东边，唐朝组织兵力反击，在犬牙交错的战争中，东女人国的这些遗留部落，为了自保就采取两面讨好的态度。

后来，唐逐渐衰落直至分裂，土蕃也渐渐灭亡。至后来的宋元明三代，对青藏高原地区的统治很薄弱，因此基本没有史料记载，直至清代才把土司制度健全。

保留至今天的东女人国的习俗

东女人国的遗留部落有些由于靠近交通要枢，受到外来文化

的影响，女王死后没有保留传统习俗，逐渐演变成父系社会，而有一些部落依旧生活在深山峡谷，保留了母系社会的痕迹。

随着社会进程的发展，这个地区至今仍旧保留着母系社会的痕迹，是适应当地生产环境的需要，这个地区处于高山峡谷之中，生产条件差，土地、物产稀少。如果实行一夫一妻制，儿子娶妻结婚后要分家，重新建立一个小家庭，以当地的经济能力根本无法承受，生产资料分配不过来。

而且，地处封闭的深山峡谷和外界交流几乎隔绝，不容易受到其他文化的影响。

北京师范大学文学院民俗学专家万建忠教授也认为，一定的生产力，有一定的社会制度与之相配，在这种生产能力比较落后，相对封闭的地方，劳动强度不大，居民自给自足，男性的优势得不到充分地显示，女性掌握着经济大权和话语权。另外还有一种深层的社会心理因素，保持母系氏族制度，表明了人们对过去的社会形态和社会结构的一种追念。

女人国现状

根据有关专家的考察，历史上的东女国就处在今天川、滇、藏交汇的雅砻江和大渡河的支流大、小金川一带，也是现在有名的女性文化带。而扎

坝极有可能是东女国残余部落之一，至今保留着很多东女国母系社会的特点。

扎坝过去是一个区，现在有7个乡，5个乡在道孚县境内，2个乡在雅江县境内，一共生活着将近10000人。

专家在扎坝调查时发现，女性是家庭的中心，掌管财产的分配和其他家庭事务，与东女国"以女为王"相似，有的家庭有30多个人，大家都不结婚，男性是家中的舅舅，女性是家中的母亲，最高的老母亲主宰家中的一切。

这很明显是母系社会的延续，经过现代社会的冲击，已经和原始的母系社会不完全一样，只是保留了一些基本特点。

扎坝人依然实行走婚，通过男女的集会，男方如果看上了女方，就从女方身上抢来一样东西，比如手帕、坠子等，如果女方

不要回信物，就表示同意了。到了晚上，女方会在窗户边点一盏灯，等待男方出现。扎坝人住的都是碉楼，大概有10多米高，小伙子必须用手指头插在石头缝中，一步一步爬上碉楼。

此外，房间的窗户都非常小，中间还竖着一根横梁，小伙子就算爬上了碉楼也要侧着身子才能钻进去，就好像表演杂技一样，这个过程要求体力好，身体灵活，这其实也是一个优胜劣汰的选择。第二天鸡叫的时候，小伙子就会离开，从此两个人没有任何关系。男方可以天天来，也可以几个月来一次，也可以从此就不来了。女方生小孩后，男方一般都不去认养，也不用负任何责任，小孩由女方抚养。但奇怪的是，当地的小孩一般都知道自己的父亲是谁。

延 伸 阅 读

北欧的小国冰岛。这里虽然有男性居民，但其地位甚微，而女权高涨，连总统宝座也由女性占领了。女性的平均寿命也为世界之冠，长达80.2岁。

与世隔绝的米纳罗人

现在的原始社会部落

在喜马拉雅山南部克什米尔的赞斯卡谷地，至今仍生息着一个属于印欧人种的土著民族米纳罗人的部落。由于当地山高谷深，交通极其不便，几乎与世隔绝，至今这个部落依旧保持着原始社会的形态。

米纳罗人是世界上所剩不多的，至今仍保持着原始社会生活状态的民族之一。从人种上来说，他们属于印欧白色人种。米纳罗人的眼睛有蓝色的，还有黄色、棕色和绿色的，鼻梁都很高，皮肤白皙。而大多数的亚洲民族人种都是黑眼珠，黄皮肤，米纳罗人与亚洲人种存在着十分明显地差异。就民族种类来说，米纳罗人是欧洲土著民族，他们的语言特征也和印欧语系相当接近，这可以从他们记录下来的单字进行分析和论证。事实证明，他们确实是印欧人种的后裔。

米纳罗人的生活状况

被称为"世界屋脊"的喜马拉雅山脉是构造复杂的褶皱山脉，喜马拉雅山南部的地势非常陡峭，有的山峰甚至高出河流平原6000多米，就像一道天然屏障。地形如此的险恶复杂，再加上没有交通工具，里面的人出不来，外面的人进不去，生活在赞斯卡谷地的米纳罗人自然成了一个与世隔绝的民族。人类文明发展到今天，他们依旧保持在原始社会的生活状态，也就不足为奇了。

米纳罗人生活在母系氏族时期，实行一妻多夫制，女性在家里拥有绝对的权利。狩猎是他们最主要的生产活动，所获的猎物是维持他们生命和赖以生存的食物。他们也会种植葡萄，并会酿制一种口味不错的葡萄酒；同时，米纳罗人还饲养一些牲畜，并和牲畜共处一室。由于生活条件的限制，米纳罗人的卫生条件很受局限，女性在分娩的时候死亡率很高。米纳罗人会在石头上画画，在山顶上建造石桌和石棚，用来判断季节的更替和循环；山崖下同样建有石桌和石棚，主要是用来祭祀的。这些习俗和欧洲新石器时代的民族风格十分相似，甚至连墓葬也保持着欧洲原始社会的风格。

米纳罗人之谜

米纳罗人是迄今为止发现的唯一一支出于原始社会的印欧语系民族，他们夏天露宿屋顶，冬天住在地窖。他们对自己民族的历史记忆深刻，并对先人的生活状态描绘得栩栩如生。

有学者认为，米纳罗人很有可能是失踪的以色列部落；还有人认为，他们是希腊军团的后裔。

但是，与欧洲原始部落生活和语言都一致的米纳罗人是如何在喜马拉雅山安居下来的呢？这至今仍是一个无法破解的谜团。

延 伸 阅 读

至今仍处于母系氏族公社阶段的民族，在非洲、美洲、亚洲等地都有发现。我国云南省宁蒗彝族自治县永宁乡地区的纳西族摩梭人，约有1万多人，至今仍保留着典型的母系氏族公社阶段的生活风俗。

美洲发现的小人国

龛式洞穴的发现

20世纪50年代，联合国教科文组织派遣的几名地质学家，在南美洲安第斯山脉一个被莽林掩盖的山岩上，发现了几十个龛式洞穴。洞穴不深，但看得出已经历了漫长的岁月。

扫去积起的尘土，现出几排雕刻精美的洞壁。但见这奇异的图画间，竟赫然摆放着人头般的头颅！这头颅比拳头大不了多少。其不仅五官具备，而且经过生理切片等检验，证明跟成年人的细胞组织一样。

成年人的头怎么会那么小？这不可思议的事情把前去的专家给弄得糊涂了！世界上怎么有这么小的人，这头颅属于哪个民族？龛又是谁建的？

高不及膝的小人妖

更令人吃惊的是世界上还有高不及膝的小人妖。如早在1934年冬天，美国报刊曾报道过一件惊人的事件。

阿拉斯加州的两个职员，假日到洛基山脉的彼得罗山去采挖金矿。他们在陡峭的含金岩上拉响一个爆破筒，一时间飞沙走石、尘土漫天。待尘烟过去，炸开的岩壁上却蓦地露出一个高宽不过一米的窑洞，洞口搭着几根立柱，仿佛是探矿的坑道。洞内漆黑如墨，他俩赶紧打着手电往里探视。

这一看非同小可，把这两个美国人吓得目瞪口呆。原来洞里竟有一个高不及膝的小人端坐在石凳上，正睁着一双可怕的大眼紧盯着他们。他俩掉头就跑，以为碰到了印第安传说中的"巨眼小魔王"！可是，这只小怪物却并不想追他们。他俩跑了一段距离后定了定神，壮着胆子再进洞中，这才看清了那不过是一具干尸。

然而，人有这般矮小的么？会不会是洛基山脉的一个新人种？还是几千年甚至上万年前的古人类？他们感

到一阵莫名的兴奋与激动，用一块大手帕小心翼翼地把这干萎了的小人包了起来，连夜下山，报告当地政府。

政府工作人员也极感惊奇，立刻把这似人似妖的怪物送到卡斯珀市医院作鉴定。医生们一打开手帕也吓呆了，一个护士甚至当场晕了过去。

后来，经过 X 光透视以及多项化验，当地政府公布了这个惊人的结果：此小人身高0.48米，皮肤铜黄色，脊椎骨和四肢骨骼与人类的结构一致。左锁骨有明显重伤痕迹，身上还留存不少伤痕。牙齿整齐，犬齿尖长，可能习惯于掠食生肉。前额很低，头盖和鼻子也很扁，而眼睛却比人类的大。从整个体形及发育程度来看，这是个60多岁的男性成年人！

此事一传出，有关人妖的故事便有了新的传闻。原来在此之前，卡斯珀市的一个律师、一个买卖旧汽车的商人、一个矫形学专家和一个墨西哥牧羊人都曾有过小人国的惊人发现。可惜大都失落了。只有矫形专家理查德珍藏的一个人妖头颅，在他去世后，他女儿把它赠送给怀俄明州立大学作为研究之用，至今得以妥善保存。

其实，这些年来，科学家们沿着洛基山脉和安第斯山脉作了大量的考察，都证实了这个木乃伊小人国的存在。

学者们的疑问

令人百思不解的是，既然小人国幅员辽阔，纵跨南北美两大洲的崇山峻岭，总应该有过极其繁荣鼎盛的时期吧！

可是，他们是怎样建成这个辽阔国家的呢？为什么没有留下一点灿烂文化的痕迹？他们是什么时候绝灭的？假如还有生存在世的，又藏到哪儿去了呢？

延 伸 阅 读

据民间传说，在安第斯山上曾有过一个神秘的小人国。他们的身材很矮小，一般都在一米以下，但却健壮剽悍、凶猛好斗。他们有一些非凡的本领，如在悬岩峭壁上攀缘树木，本领胜过猩猩。

恐龙蛋中的人类胎儿

人起源于恐龙的假说

关于"人起源于猿猴"的说法很早就引起许多科学家们的质疑。因此，我们向人类学家提出另一个更伤脑筋的问题是：人到底起源于什么？

然而，前不久，澳大利亚人类学家破天荒地提出轰动世界的新论，即人起源于恐龙！

假如达尔文今天还健在，当他得知这一消息后定会暴跳如雷。要知道，如果这个新论被认为成立，那么达尔文关于"物种

是通过自然选择而发展的"全部理论都应见鬼去了。然而，关于"人起源于恐龙"的这一新假说的创立者们认为，他们掌握有充分说服力的证据证实这一新假说的成立。

野生考察发现恐龙蛋

1994年秋，由伊尔温·雷姆兹教授率领的澳大利亚古生物学考察队，开赴欧洲，对比利中斯山北麓支脉进行了考察。

考察队的科学家们在几条河谷中，丰厚的土壤冲积层一面，意外地发现了恐龙、翼龙及其他侏罗纪古生物代表的遗迹。这次考察，人类学家不仅获得了保存完好的动物骨骼，而且还发现一只神奇莫测的恐龙蛋。

这枚恐龙蛋乍看上去它跟普通恐龙蛋一样，没什么奇特之处，但就其形状而言，对科学家们来说却非同寻常。

伊尔温·雷姆兹博士对这一奇特的恐龙蛋进行仔细观察后认为，这是一只极罕见的恐龙蛋，它与其他恐龙蛋有很大的差别，

其独特之处在于，比其他恐龙蛋稍小，蛋壳较薄，而且孔隙较多，用手触摸有不可思议的温热感。

考察队员一致认为，这一重大发现不同寻常，它可能成为最终揭开人与恐龙之间微妙关系的关键。于是，他们将这只恐龙蛋立刻运回澳大利亚进行研究。

实验发现蛋中儿

科学家们对这一恐龙蛋进行了为期两周的实验、观察和全面研究，其结果震惊世界。最初，研究人员借助普通化学方法对恐龙蛋进行检测和研究，但对其内部实质未能得出结论。

后来，当他们对其改用激光X射线断层摄影法进行观察和研究时，在计算机控制的显示屏幕上，终于展示出这只恐龙蛋内部的微观世界。

原来，恐龙蛋中躺着一个几乎定型的人的胎儿，他的年龄已有5岁至6岁，甚至还能清楚地分辨出胎儿的性别，即男孩。胎儿头部的毛细血管看得更加清楚，还微睁着双眼，但尚无任何迹象表明恐龙蛋中的胎儿还活着。

科学家们认为，这不足为怪，因为这只恐龙蛋已在地下沉睡了不知多久，很难保全里面的胎儿存活下来。

不过，科学家们正在竭尽全力挽救他的生命，以期揭开人与恐龙关系的奥秘。

他们已将这只恐龙蛋放进一个专门的高压氧气舱中进行保胎，期待着里面的胎儿能早日复活降生人世。

救活蛋中儿期盼降世

真是功夫不负有心人，科学家们对恐龙蛋中的胎儿进行了精心护理和抢救，胎儿终于绽出复活的曙光：10天后奇迹出现了。蛋中儿开始微动，出现呼吸……他终于复活了！后来，胎儿的手和脚也开始动弹了，脑部血管也渐渐跳动起来，身上的肌肉出现抽动……

专家们认为，孕育着胎儿的恐龙蛋所处的生化环境已发生变化，因此，许多外部因素并非都有利于胎儿的发育。

卵生婴儿

一支探险队在印度尼西亚婆罗洲的一处原始森林中，发现一件可能令人类进化史改写的怪事。一个残存的史前人类部落被发现，该部落的婴儿全部由卵生后而孵化出来，也就是卵生人。

探险队领队、德国人类学家劳·沃费兹博士及其他10名队员，为了研究这个当代仅存的原始部落的生活，深入到印度尼西亚婆罗洲的热带雨林中。

他们来到这里后，惊奇地发现，在一处山脊上生长的原始大树上，住着一群原始土著人，这些土著人身高约1.2米，赤身裸体，以大蚯蚓为主要的食物。

他们一接触，很快就亲近融洽起来。于是，这伙原始土著人将探险队领到他们的"树上之家"，这是一个建筑在几棵大树上的巨

大平台，只见30多个女土著人，正坐在一枚枚白色的大蛋上进行孵化作业。其中，有一个婴儿开始破壳而出。

探险队员经过很长一段时间观察后发现，原来，女土著人怀孕6个月后，便会产下一枚大蛋来，接着再进行3个月的孵化期，9个月完成卵生人的整个孕育过程。

卵生婴儿出壳后，跟我们正常的胎生婴儿一样，母亲便开始用乳汁哺育她们的婴儿。

延 伸 阅 读

2009年7月15日左右，在我国江西省高安市祥符镇莲花村委会豪花村民小组，一村民在自家建房地，开挖水塘时发现了7枚蛋化石，经市文物部门挖掘和省文物专家鉴定，证实皆为恐龙蛋化石。

神秘的 "幽灵"

教堂里的神秘身影

科里斯·布莱克雷在1982年拍摄的照片。初看这张照片，伦敦的圣·博多夫教堂毫无异常。但是，如果仔细观察，你就会发现右侧楼台上有个奇怪的身影。

难道这是一个幽灵吗？或者只是他弄虚作假的合成照片？尽管作者科里斯多次发誓没有对照片做过手脚，但是事实上对同一幅胶片进行多次曝光，就有可能把两个完全无关的影像叠合在一起。这种做法就可以制造出照片上的效果，让人觉得确实有漂浮的幻影出现在教堂里。

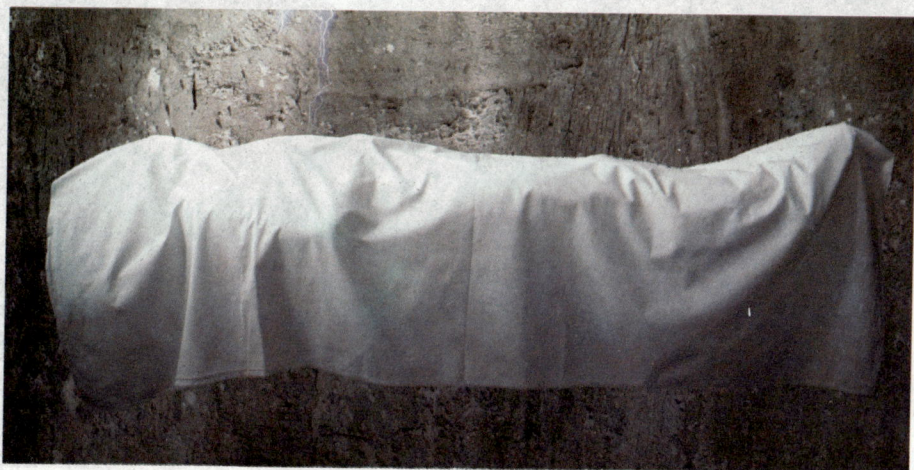

调皮鬼事件

在伦敦北部的埃菲尔德区，哈珀太太的住处曾经遭受过1500多起异常事件的骚扰。

从1977年8月至1979年4月，怪事接二连三地发生：家具常常会自己移位，到处都会发出莫名的声响……安装在孩子房间里的摄像机更是捕捉到了一些奇异的画面：被单不知被谁掀开，大女儿像着了魔一样从床上蹿起。

后来这些奇怪的现象渐渐减少，最终完全消失。但是到现场观察的人却没有一个能弄明白这是怎么回事。

英国工人的奇遇

一个暮色苍茫的傍晚，一个名叫费尔顿的英国地毡工，参加完标枪比赛后，驾着小汽车往家里赶。突然，他发现路边站立一个面容憔悴，下巴很长的男人朝他伸出拇指，请求他停下车来带

他走一程。费尔顿一向乐于助人，他把车子停了下来，让那人上了车。那人一言不发，只是用手指着前方。看着他这个模样，费尔顿再没有和他多说些什么，只顾开着车子在凹凸不平的路面上前行。

好不容易过完这段崎岖的路段，费尔顿舒了一口气，拿出香烟，给坐在旁边的那位陌生人递过去一支，但他立即又停住了，而且惊得目瞪口呆，那个明明上了车、坐在自己身边的人不见了！这种幽灵乘客事件，在附近的村子里也曾出现过，甚至当地警察局也接待过好几个遇见过幽灵乘客的人。

撞倒的女人不见了

1974年的一天，一个驾驶小汽车的人，不小心撞倒了一个走在路上的女人。他匆匆忙忙跳下车，到附近去找抢救受伤者的药物和医院。

可是，当他满头大汗地赶回出事地点时，只见自己的汽车静静地停在路中间，而那个被撞伤躺在路上的女人却不见了。路上没有一点血迹，连发生过车祸的迹象也消失得无影无踪。

人们展开的争论

这种幽灵乘客事件开始引起人们的关注，有人开始探寻起它的底细来。有的认为，幽灵乘客不是有血有肉的实在东西，而是人们的一种幻觉，是　　　传说的影响所致。有的则认为，这是因为驾车人太疲劳了，才下意识地总觉得有一个幽灵乘客坐在自己身边。

但是，更多的人却认为，以上的解释不能说服人，因为它不是个别现象，在附近的村子里已分别在不少人身上发生过，而且，人们的幻觉是不可能维持这么长一段时间的。至于真正的原因是什么？直至现在，还是众说纷纭。

大仙附体

在一个边远山区曾发生过这样一件事：一天，兄弟俩一起去赶集，两个人走了很远一段路，都觉得很疲劳。这时，弟弟偶然见到前面不远的地方有个老太婆在走路，哥哥却说他没有见到。对此，弟弟很是害怕，以为自己是"大白天见鬼了"，哥哥也很紧张。

兄弟俩回家后便产生了心慌、胸闷感，并出现短暂性昏迷状态，卧床嗜睡，叫也不应。此后，他们有时自称是某大仙附体，并以神仙的口吻下达命令；有时又自称是已故多年的祖父，要全家人向他们叩头认罪，否则格杀勿论，闹得全家人不得安宁。

精神病理

科学证明，所谓神灵附体现象是一种精神病理现象，其主要症状是身份障碍，即本人现实身份由一种鬼神或精灵的

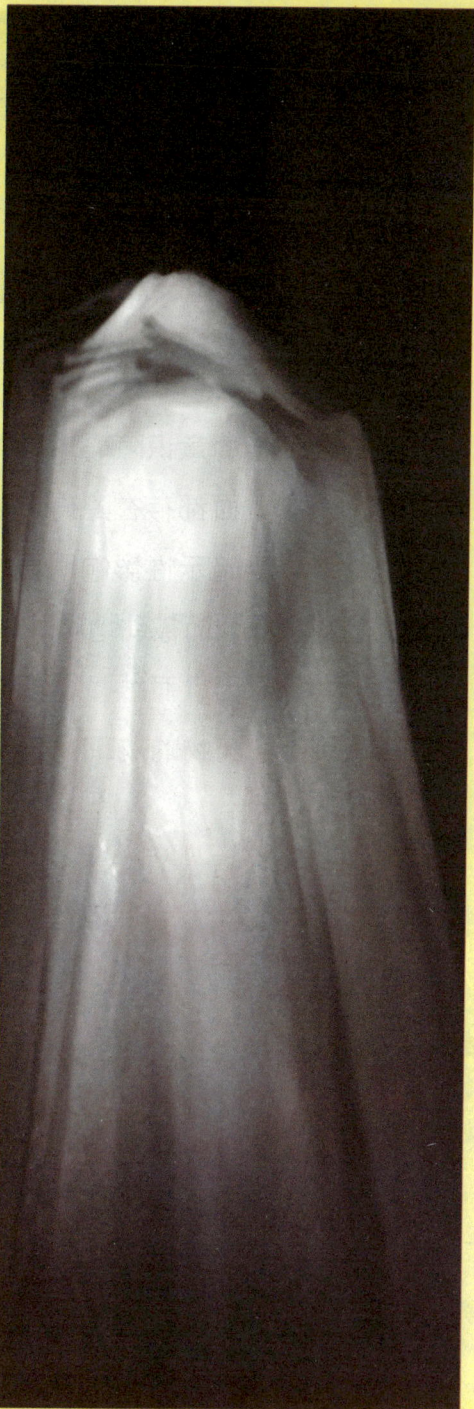

身份暂时取代。患者多数性格外向、喜交往、重感情，还常有癔症性哭笑失常发作的历史。

这种精神疾病的发病机理和病因目前还不十分清楚。有人认为发生这种疾病是一种变换的意识障碍，具体表现为知觉、记忆、思维、情感、意志力等方面都存在障碍，如患者对主客观和现实的辨认能力明显减弱，受暗示性影响明显增强，过分依赖于巫师或心目中权威人物的意愿，而被动地顺从并付诸行动等。

至于发病原因，有很多，如癫病发作、血糖过高或过低、脱水、睡眠剥夺、药物的戒断状态、气功入静、白日梦等。

延 伸 阅 读

2003年12月19日，安置在英国伦敦汉普顿宫某个通道入口的监控摄像头拍摄到一个画面，关得好好的防火门经常会莫名其妙地打开。这个"连环开门者"竟是亨利八世的鬼魂。传言说这座建于16世纪的宫殿经常闹鬼。

新奇的婚姻爱情风俗

表示爱情的不同方式

世界上各个民族有着各自不同的表示爱情的风俗习惯。

在欧洲的一些国家里，男女青年恋爱时，常以手帕作为礼品相互赠送。

刚果青年常常把一只烤熟的鸟送给爱人，并且说："这是我亲手做出来的。"

马来西亚沙捞越的伊班人能歌善舞、热情好客。青年男女总是在迎远客庆佳节的时候，在由酋长主持的民族舞蹈中用舞姿倾诉爱情，只要两厢情愿就可以成亲。

雪茄作为信物

在拉丁美洲苏里南的东部，有一个名为嘎利比的印第安人部落，约有600多人。他们以捕鱼、游猎和种白薯为生，住的是四面敞开的棕榈棚，睡的是吊床。

青年人的婚姻，必须由父母做主。小伙子如果爱上了姑娘，由父母出面，带着雪茄拜见女方的父亲。雪茄有各种类型，说媒时带的雪茄越精致，情义越重。

如果女方父母接受了雪茄，说明同意这门亲事。如果不同意，两家父亲会避开婚姻问题而闲聊起天气或捕鱼来。当然女方家不会收下雪茄。

扔石子表达爱情

墨西哥的印第安人男女双方在挑选对象时，由女方采取主动。如果姑娘往一个小伙子家里扔石子，就表示他看中了这个小伙子。

此外，还有在过"特斯吉纳达"节日时，姑娘偷偷抢小伙子头上裹着的汗巾或脖子套着的项圈，然后赶紧跑开。如果小伙子在姑娘后面紧追不放，就表示他同意了这门婚事，就可以双双来到部族长老处，要求为他们证婚。

相亲不能相见

在历史悠久的文明古国埃及，婚丧嫁娶的习俗也十分奇特。按照埃及人的传统婚姻习俗，婚前男方不能直接去会见女方，只能托自己的母亲或姐妹代为相亲，回来再向男方转告。

如果对女方满意，就把订婚礼物送到女方家去。

迎亲的那天，新娘坐在一辆用华贵的克什米尔毛绸以及玫瑰、蔷薇等鲜花装饰的花车上，由新郎的母亲在前面开路，新娘的母亲在后压阵，在一片吹吹打打的鼓乐声中到达新郎家。

新郎冒冒失失前去迎车，但新娘却扭扭捏捏不肯下车，经新郎再三恳求才下车。这时，为使来宾们顾不得细看新娘新郎，新人的亲戚就将大把大把的小金币和银币撒向众人。

夜幕降临时，人们手持花束和彩灯簇拥着新郎向清真寺走去，新郎在那里做两次跪拜礼后再回到新房。这时急不可耐的新郎揭去新娘头上蒙着的面纱，紧坐在新娘的身边，小两口亲亲热热地共饮一杯甘甜的泉水，以示永生相爱，白头偕老。

一杯咖啡定终身

在南斯拉夫中部地区，如果哪一位小伙子看中了一位姑娘，就可以到她家里去求婚。女方家一般热情接待。接待小伙子的东西都是用好吃的食物。

小伙子在吃喝的时候，尽情地倾吐对姑娘的爱慕之情，尽情地谈论对婚后幸福生活的憧憬。小伙子的倾吐和憧憬无论如何好，并不意味婚事成功。那时他还往往充满着希望。

当主人家把一杯咖啡端到小伙子面前，让他品尝时，成功与否才见分晓。原来，咖啡的味道含着成功与失败的信息。咖啡如果是甜的，那么，这门亲事就算同意了。如果是苦的，则对不起请你另找别的姑娘吧！

以勇订婚

乌干达的卡拉莫贾人到了16岁，经部落的长老许可就获得成

人地位，从此便可物色伴侣了。每逢喜庆日子或求神求雨等重大活动时，部落的长老便组织全部落的人出来跳舞。这是青年男女们求爱的最佳时机。

　　小伙子们在短短的卷发上插着一根色彩艳丽的鸵鸟毛，身披他们亲手杀死的最凶猛的野兽，如狮、虎、豹的皮，踩着鼓点，在姑娘们面前欢快地跳呀、唱呀，如数家珍地重复着他们的战绩，如某年某月杀死过几只猪兽，抢过多少头牲口等，以显示自己的勇敢精神。

　　姑娘一旦被小伙子的赫赫战功所打动，就会倒向他们的怀

里，以示愿终身相随。要是姑娘不露笑容，表情冷漠，这说明小伙子尚欠勇猛。

这时小伙子在一激之下猛地冲出人群，直奔深山去斗猛兽，或只身闯入其他部落去抢牲口。说不定在当天晚上就背着一只豹子，或赶着一群牛羊去见姑娘。

姑娘一见到小伙子的战利品，就会堕入情网从而定下终身。

婚礼中的新旧借蓝

新，就是新娘结婚的白色礼服必须是新做的，标志着新娘将开始新的生活；旧，就是新娘头上的白纱必须是母亲用过的，表

示不忘父母养育之恩。借，就是新娘手里拿着的白手帕必须是从女朋友那儿借来的，表示不忘朋友的友谊；蓝，则是新娘身上披着的缎带必须是蓝色的，象征着新娘对爱情的忠诚。

延 伸 阅 读

　　夏威夷一带的小岛上，新郎选几名健壮的男子把新娘投入海中，新娘也选几位美貌的姑娘把新郎举起同时投入海中。他们一块游向小船，船上有各种食物和用具。两人用力划船到另一个岛上去欢度蜜月。船走了，婚礼也宣告结束。

非洲女子为何行割礼

女子割礼风习

一位10多岁的少女，被几个身强力壮的女人从家里拖到圣坛下的一块草席上，蒙住眼睛剥去衣服，头和四肢被死死按住。亲友和村民们围在四周一面敲鼓，一面高歌起舞。

在震耳欲聋的鼓声和少女惨痛哀嚎中，一位被称为"格达"

的女巫医手执一把明晃晃厨刀或随便什么锋利工具，把少女的全部外生殖器官切割下来，再用铁丝、植物刺把血淋淋的伤口缝合起来，只在阴道外留一个小孔。然后把少女双腿用绳子紧紧捆住，使伤口长合。整个过程中，不用任何麻药。不久，少女阴部除了一个细孔之外全部长在一起封闭起来。

这种惨无人道的景象是非洲广大地区曾经盛行的一种自古代流传下来的最野蛮、最残酷的女子割礼风习。这实际是一种最原始最落后的残害女子的外阴切除扣锁手术。现在，非洲西部、北部和东部，至少有32个国家，每年有几百万不幸少女经受这种人世间最悲惨的折磨，并从此开始她们更加苦难的一生。

女人割礼起源于何时

无人确知女人割礼起源于什么时代。考古发现，几千年前的埃及木乃伊中就有受过割礼的妇女。因此，许多人把这种残酷习俗称为"法老式割礼"。

在非洲这些地区，女子割礼被认为是真正女性的标记，是贞操的凭证和社会的需要，也是女子步入成年，走入社会的重要仪式。在冈比亚，有80%以上的女子在10岁至15岁时就进行割礼仪式，在北非一些地区，年仅4岁至8岁的幼女就施行割礼术了。

割礼仪式的负面影响

对于非洲这些国家广大妇女来说，触目惊心的割礼仪式只是她们悲惨人生的第一步。她们此后一生中，至少还要经历两次苦难。

第二次是从结婚至怀孕这个时期，割礼手术造成的阴道闭合对于女子婚后性生活是一种无法忍受的痛苦，许多人不得不进行阴道开口术。

第三次是生育时，还必须再进行切割术。在手术中，许多婴儿的头部被毁坏而夭折。在非洲某些地区婴儿死亡率为38％，与这种习俗有直接关系。

然而，对于这些不幸的非洲妇女来说，即便熬到了生育之后，也并不意味着苦难的结束。如果丈夫外出一段日子，他可以要求妻子再把阴部重新切割封闭起来。

割礼风习是否要废除

长久以来，不断有人起来号召妇女反对、抵制这种习俗，但是，可悲的是由于落后、愚昧和宗教的毒害，为数很多的非洲妇女却狂热地维护它。

尽管在《古兰经》上根本没有提到过这种割礼风习，许多信仰伊斯兰教的妇女却坚信这是伊斯兰教义规定的。

在许多地方，甚至那些受到残害的妇女也坚信，未经割礼的女人是肮脏的，要受到谴责，没有权利结婚。有些人相信，不进

行割礼的女人不能生育。一些地区甚至认为，未经割礼的女人生下的孩子要给整个村庄和部落带来灾难。

1979年，残害折磨了非洲广大妇女几千年的割礼恶习终于引起了国际上的注意和关切。1981年，世界卫生组织在哥本哈根召开的联合国关于妇女问题的世界会议上，对这一残害妇女的恶习进行了强烈地谴责。同年，国际计划生育基金会也派人到非洲进行工作，宣传废止割礼这一恶习。相信，这种残酷的割礼终会被废除的。

延伸阅读

《沙漠之花》这部电影根据出生在索马里的黑人模特华莉丝·迪里的自传畅销书改编。她本人就是这种古老习俗的受害者。从索马里的沙漠走向T型台，成为顶级名模的她最勇敢的是把自己5岁时曾受割礼的惨痛经历公之于众，希望能有更多的非洲女人不再受这种酷刑。38岁时她成为联合国反对割礼的代言人。

世界上为何会有童婚

童婚的危害

尼日利亚北部的一个乡村，有一位姑娘在她仅9岁时就被迫嫁给一个年纪大得足可以当她父亲的男人。在婚后的两年多时间里，这个小姑娘拒绝和她丈夫一起生活。

她曾两次逃离家门，但都被她父亲找回。某年6月，当她年满12岁时，她又被迫回到她丈夫家。次年2月，她第三次出逃，但不幸被她丈夫抓回。她丈夫用蘸了毒药的斧头残忍地剁掉了她的双腿。她虽被急送医院，但终因伤势太重而死在医院里。

在尼日利亚北部，童婚是古老的伊斯兰生活中的一个不可分割的部分。在贫苦的家庭里，父亲往往指望女儿能换来200美元至300美元的结婚彩礼。

3岁女童已嫁做人妇

苏娜姆是生活在阿富汗首都喀布尔的一名3岁女童。在父亲的张罗下，她在数月前与自己大7岁的表兄订了婚。婚礼将在苏娜姆长至14岁时正式举行。

据联合国有关机构的报告指出，由于贫困等原因像苏娜姆这样的童婚以及买卖婚姻现象在阿富汗非常严重，致使当地妇女和儿童的权益遭到极大侵害。

根据阿富汗法律的规定，男女的法定结婚年龄分别为18岁和16岁，但在这个年人均收入只有数百美元的国家，父母如果将自己未成年的女儿嫁出去的话，就可以早早拿到上千美元甚至上万美元的彩礼。高额的回报导致童婚现象在阿富汗屡禁不止。

有专家指出，童婚使阿富汗很多妇女过早怀孕，面临生命危险，更有很多童妻因为年幼不知如何尽妻道而成为家庭暴力的牺牲品。

女童13岁当妈

阿伊塞的经历比较典型。她13岁时被从土耳其带入英国，被逼与她的堂兄结婚。婚礼在伦敦北部一个公共大厅举行。参加者数以百计，不少人都是他们的亲属。

婚后，阿伊塞被带入丈夫的家庭，公开以妻子身份生活在当地土耳其库尔德人居住区。婚后头两年，阿伊塞每晚都要被迫与丈夫过性生活。"简直可怕极了，我痛苦地整晚惨叫，但没有人理我。"

阿伊塞回忆道，结了婚，就好比进了监狱。婆家不仅剥夺了她上学的权利，而且还把她当佣人使唤，并不准她与外人接触。她偶尔外出，背后也会有人跟着。在4年半的婚姻生活中，她曾两次试图自杀。19岁那年，成熟了的阿伊塞趁着夜色，从窗户爬出，逃到"被逼结婚女性避难所"栖身。

女童上街游行抗议

孟加拉国西南部萨德基拉村一所女子学校的50多名女童上街游行抗议，成功阻止了13岁的哈比芭·苏丹娜被迫嫁给一名23岁的男子。 据埃菲社报道，苏丹娜的父亲西迪基·萨纳因为缺钱，决定将女儿嫁给比她大10岁的邻居，苏丹娜把自己的遭遇告诉了好友们，其中一名女童要求自己的父亲去报警，但遭到拒绝。

这些女孩别无他法，只好

组织抗议活动并报警。在当地警察局长的干预下，苏丹娜的父亲不得不签署一份协议，承诺在女儿未成年之前不会把她嫁出去。

尽管世界上大多数国家的政府都禁止童婚，但在南亚国家的一些农村地区仍然延续这种做法。

延 伸 阅 读

苏格娜，一个天真无邪的女孩，家住印度西部拉贾斯坦邦。9岁，本该是上学和玩耍的年龄，但残酷的命运却让她早早地结束了自由快乐的少年时光。

为什么会流行哭嫁

出嫁为何要大哭

人喜则笑，遇悲则哭，此乃宣泄情感的常态。然而，在闽南乡间，女孩儿遇到出嫁这一终身大喜事时，却要长哭当笑，直至男方家门口时才强行敛哭。那如泣如诉，独具浓郁色彩和乡土气息的哭嫁歌，深情委婉，感人肺腑。

姑娘出嫁本是大喜大庆的事情，为何要大哭大唱呢？原来，旧时妇女无婚姻自由可言，由于"三从四德"的束缚，自己的终

身大事全由"父母之命，媒妁之言"摆布，姑娘对夫君的容貌、为人、家况一无所知，未免伤心落泪。

在封建包办婚姻、买卖婚姻的桎梏中，姑娘对婚事不如意，只有通过哭嫁才能宣泄心中的苦楚和愤懑，这也是人之常情。于是哭嫁便成了妇女发泄内心情感的独特表达形式，相沿成习，演化成有一定调式和韵律的哭调，成为一种婚俗。

骂媒的发泄机会

骂媒是旧时哭嫁中难得的发泄机会，也是最具反抗色彩的哭嫁歌词。姑娘每当遇到不情愿的婚姻，自然要通过哭嫁歌把媒人的可恶可恨的欺骗行径骂个痛快，说她如何尖嘴利舌、诈骗钱财等。

有一首闽南语哭嫁歌唱道："夭寿媒人想得利，害死别人为自己。树上的鸟儿哄得来，山中的猴儿你哄得去……"

有的则是唱出自己对婚事的不满："壅菜开花瓯仔范，嫁给老翁不情愿。嘴须长长好赶蚊，一夜咳嗽气死人……"

借哭抒发感情

姑娘出嫁时，因要离开朝夕相处的亲人，悲伤哭泣也是难免的，她们借哭来抒发离别亲人的痛苦心情。

在闽南东山岛有这样一段哭嫁歌："夭寿锣，短命锣，打得我心肝乱纷纷。脚白，即旧时裹足用布，找不见，鞋子也找无。娘啊我不嫁，做人媳妇真受气，离父母，别兄离嫂，离小弟哎……"

每当听到这种惜别的伤感哭词，母亲往往会唱起《劝嫁歌》慰藉女儿："金囡命囡你应嫁，苦工饲你大，红包钱银要来娶，新枕头，无油垢，新蚊帐，无蚊吼，新被无胶蚤（跳蚤），新桌柜，拖着啦啦走。"

还有这样一首传统的自问自答式的《劝嫁歌》："孩儿孩儿你几岁？我还少岁。少岁真快大，新郎大轿要来娶。阿姨阿姨我不嫁，金囡命囡你应嫁，去久会熟识，猪心炒韭菜，吃了溜溜爱。"

如此者，母女、姐妹、姑嫂轮番哭唱，歌

由情发，情由歌起，泪随歌涌，歌哭同声的艺术。可以说，世界上没有任何一种哭声有女子哭嫁的哭声这么富有感情。

哭嫁成了衡量标准

闽南人竟把是否会哭嫁作为衡量女子才智和贤德的标准。谁家女子不善哭嫁或哭调不好听，就会被老辈人视为才低德劣。在闽南一个县城，这里犹存古老的哭嫁遗风，这种哭嫁歌有独具韵味的腔调，比流行歌曲要难学得多。

因此，姑娘出嫁前，要暗暗地向已婚的大姐大婶们讨教经验，有的趁家里人外出时，独自在闺房悄悄学唱《哭嫁歌》。哭嫁歌的内容因人而异，而且运用灵活且随机应变。

随着时代的进步，婚姻自主，妇女地位大大提高，也没有什么伤心事，姑娘出嫁照说应该不哭，但是，作为闽南传统婚俗，做长辈的仍然喜欢姑娘哭上一阵子。因此，哭嫁这种淳厚朴素的古老遗风依然在闽南盛行。

延 伸 阅 读

按土家族习俗，女子嫁出去后就是男方的人了，一般是非重要的事或节日就很少回娘家，所以女子出嫁后就不能在父母身边照顾父母。土家族阿妹就在出嫁的时候通过哭的形式表达对父母的养育和感激之恩，感谢亲戚朋友的关照之情。